Bibliografische Information der Deutschen Nationalbibliothek:

Die Deutsche Bibliothek verzeichnet diese Publikation in der Deutschen National-
bibliografie; detaillierte bibliografische Daten sind im Internet über http://dnb.d-
nb.de/ abrufbar.

Impressum:

Copyright © 2007 GRIN Verlag, Open Publishing GmbH
Druck und Bindung: Books on Demand GmbH, Norderstedt Germany
ISBN: 978-3-640-32542-9

Michael Feuerstein

Die Automobilindustrie in den neuen Bundesländern seit den 50ern

GRIN Verlag

Universität Stuttgart

Institut für Geographie

Regionales Seminar:

Mitteldeutschland WS 06/07

Die Automobilindustrie in den neuen Bundesländern seit den 50ern

Michael Feuerstein

7.Semester Diplom

Inhaltsübersicht

1. Einführung

Die Automobilindustrie in den neuen Bundesländern hat eine lange Tradition. Hier siedelten sich in der Gründungsphase der deutschen Automobilindustrie nicht nur Firmen an, auch die Vorgängerorganisation des Verbands der Automobilindustrie (VDA) wurde hier 1901 in Eisenach gegründet (vgl. IWH 2005: 6). Erste Produktionsstätten wurden schon 1896 in Eisenach gegründet. Im Raum Zwickau entstand im Jahr 1904 die Firma Horch Cie., Motorenwerke AG. Der Gründer August Horch verließ jedoch nach nur kurzer Zeit in Folge eines Streits mit Aktionären die eigene Firma und gründete 1909 die Firma Audi (lat. Horch). Zusammen mit den Zschopauer Motorenwerke und der Autoabteilung der Wanderer-Werke fusionierten die Firmen Horch und Audi 1932 zum Autounion-Konzern und bildete somit den ersten Konzern der deutschen Kraftfahrindustrie sowie das größte Industrieunternehmen Sachsens (vgl. MICKLER et al. 1996: 31). Ein Jahr vor Kriegsbeginn betrug der Marktanteil der im Osten Deutschlands ansässigen PKW-Herstellern 26,7%, der Marktanteil der LKW-Hersteller sogar 38,5% (Tab.1).

Tabelle 1: Umsatz und Zulassungsanteile der wichtigsten deutschen Kraftfahrzeugunternehmen auf dem Gebiet der späteren SBZ/DDR im Jahr 1938 (Quelle: KIRCHBERG 2000: 21)

Unternehmen/Marke	Fahrzeugart	Ort	Umsatz in Mio. RM	Anteil in % der Gesamtzulassungen der jeweiligen Fahrzeugart
Auto Union	Pkw	Zwickau, Siegmar	248,3	23,4
BMW	Pkw	Eisenach	35,6	3,3
Opel	Lkw	Brandenburg	213,5	31,8
Framo	Lkw	Hainichen	17,5	2,6
Phänomen	Lkw	Zittau	14,8	2,2
Vomag	Lkw	Plauen	5,4	0,8
DKW	Motorräder	Zschopau	44,9	29,4

Mit Kriegsbeginn wurden sämtliche Hersteller in die Rüstungsproduktion einbezogen und die Herstellung von Zivilfahrzeugen eingestellt. Nach Kriegsende folgte auf Basis des alliierten Rechts die Demontage der Produktionsstätten.

Ohne Diese wäre, aufgrund der in den meisten Produktionsstätten nur recht geringen Kriegsschäden, eine schnelle Wiederaufnahme der Produktion möglich gewesen (vgl. KIRCHBERG 2000: 24ff).

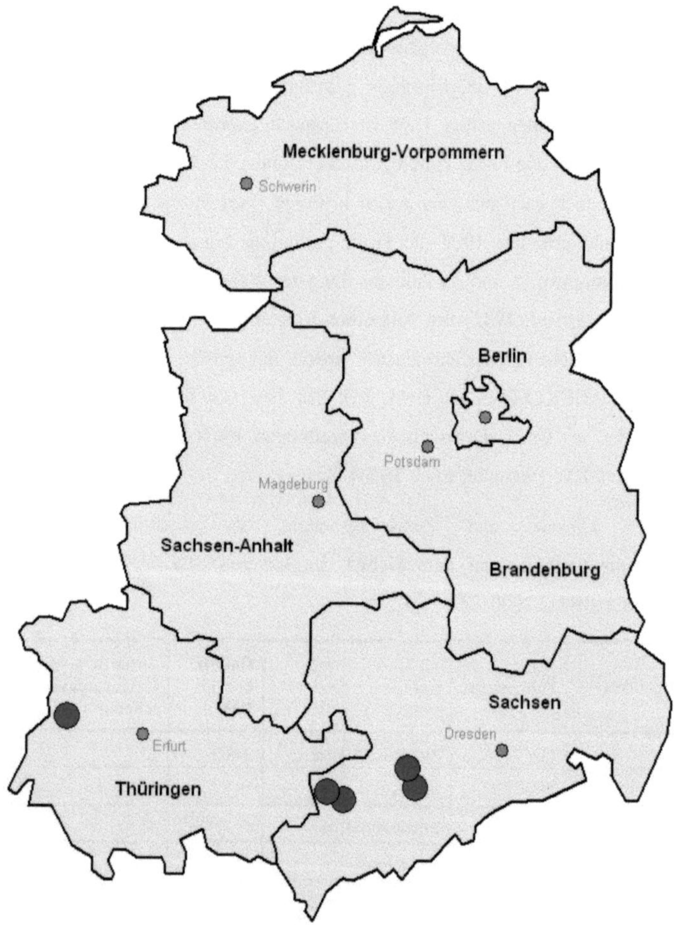

Abb.1: Lage der wichtigsten Produktionsstätten vor dem Zweiten Weltkrieg (eigene Grafik)

2. Neubeginn der Produktion in der SBZ/DDR

Die Demontage der Produktionsstätten durch die sowjetische Besatzungsmacht umfasste allein in Sachsen 28.000 Werkzeugmaschinen. Damit wurde eine schnelle Wiederaufnahme der Produktion weitgehend unmöglich. Lediglich im Werk Eisenach wurde auf eine Demontage verzichtet, woraufhin die Fahrzeugproduktion, unter sowjetischer Führung, im Herbst 1945 wieder aufgenommen werden konnte. Hier konnten bis zur Rückgabe in deutsche Hände 1952 eine Stückzahl von 28000 PKW produziert werden(KIRCHBERG 2000: 38). Nach der Demontage der Betriebe folgte Anfang 1946 in der SBZ die Sequestration durch die sowjetische Militärverwaltung. Dies führte zu einer Enteignung vieler Betriebe und deren Verstaatlichung. 1948 folgte die Überführung sämtlicher in Privatbesitz befindlichen Betriebe in Volkseigentum. Zur Verwaltung der Volkseigenen Betriebe (VEB) wurden die Industrieverwaltungen (IV) 17 – 19 gegründet, die jeweils eine regionale Kompetenz besaßen. Diese Industrieverwaltungen wurden 1948 der bisher nur auf Sachsen beschränkten IFA Vereinigung Volkseigener Betriebe unterstellt, deren Wirkungsbereich auf die komplette SBZ ausgedehnt wurde (vgl. KIRCHBERG 200: 48ff).

2.1 Struktur der Automobilindustrie in der DDR

Die politische und wirtschaftliche Zentralisation der DDR hatte zur Folge, dass kleine Betriebe mit großen VEB verschmolzen wurden, wenn sie ähnliche Produkte herstellten. Dadurch konnte vermieden werden, dass durch Parallelentwicklungen Ressourcen unnötig Ressourcen verbraucht wurden. Diese VEB wurden jeweils zu einer Vereinigung Volkseigener Betriebe (VVB) zusammengefasst und bildeten damit eine Vorstufen zu den, ab Ende der sechziger Jahre gebildeten, Kombinate. In der Automobilindustrie wurde 1958 die VVB Automobilbau in Karl-Marx-Stadt (Barkas-Werke) gegründet. Die Struktur der VVB war streng hierarchisch, womit eine Kontrolle der Durchführung politischer Ziele ermöglicht wurde. Diese zeigte sich in der Verteilung für die Produktion notwendiger Ressourcen, als auch in der direkten Einflussnahme auf FuE. Als „Maßnahme zur Vervollkommnung der Leitung und Planung im Bereich des Ministeriums für Allgemeinen Maschinen- Landmaschinen-

und Fahrzeugbau" (MICKLER et al. 1996: 32) wurde die Auflösung der VVB Automobilbau und die Gründung von vier Kombinaten beschlossen. Diese waren nach Produkten gegliedert: IFA-Kombinat Personenkraftwagen, IFA-Kombinat Nutzkraftwagen, IFA-Kombinat Spezialkraftwagen und Anhänger, IFA-Kombinat Zweiradfahrzeuge. Die Aufspaltung des VVB hatte zur Folge, dass viele logistische Ketten unterbrochen wurden. Viele Zulieferbetriebe hatten ihre Kunden nicht nur in der PKW-Fertigung, sondern auch in den nunmehr abgetrennten anderen Kombinaten. Weiterhin wurde der Verwaltungsaufwand deutlich vergrößert, da vormals alle Betriebe unter einem Dach versammelt waren, nun jedoch von vier getrennt operierenden Kombinatsleitungen geleitet wurden.

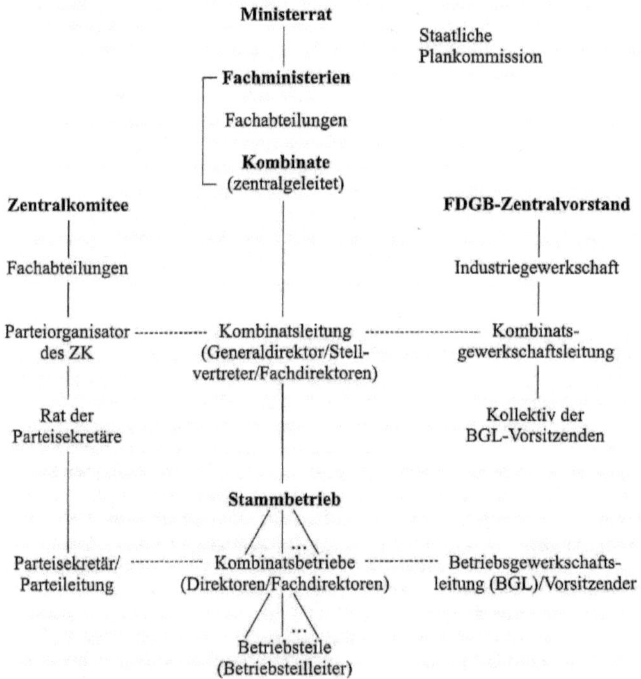

Abb. 2: Politisch-administrative Leitungsstruktur eines Kombinats
(Quelle:MICKLER et al. 1996: 36)

Die Zuordnung der Zulieferbetriebe zu den jeweiligen Kombinaten geschah augenscheinlich nach dem Kriterium der Metallverarbeitung. Metallverarbeitende Betriebe wie Gießereien wurden zu den Kombinaten der Automobilindustrie hinzugezählt, nicht jedoch Reifenhersteller. Da auch Betriebe der zweiten und dritten Verarbeitungsstufe zu den Kombinaten zugeordnet wurden führte die Kombinatsbildung zu einer hohen Fertigungstiefe. Um die Endprodukte fertigen zu können waren dadurch jedoch enge Verflechtungen zu weiteren Kombinaten nötig, was unter den vorherrschenden planwirtschaftlichen Verhältnissen zu einer enormen Abhängigkeit führte. Die Automobilindustrie der DDR war im Gegensatz zur Industrie in den westlichen Ländern stark abhängig von ihren Zulieferern. Die staatlich geregelte Zuteilung von Materialien hatte zur Folge, dass die IFA-Kombinatsleitungen aufgrund fehlender Sanktionsmechanismen keinerlei Druckmittel gegenüber den Zulieferern, bezüglich der Produktqualität, Preise und Liefertermine, hatten. Dies führte zu einem ständigen Engpass an Material, wodurch nicht der Absatz der Waren, sondern die Beschaffung adäquater Rohmaterialien zum Problem der Betriebe wurde (vgl. MICKLER et al. 1996: 33f).

2.2 Leitbilder des Automobilbaus

Die Produktion der Automobile in der DDR war nicht durch Nachfrage sondern durch staatliche Vorgaben geregelt. Den Betrieben wurde vorgeschrieben welchen Nutzen ihre Produkte erfüllen sollten. So werden die Ziele der Automobilindustrie 1955 in der *„Ökonomik des Industriezweigs Automobilbau"* wie folgt beschrieben: „Als Produzent von Konsumgütern hat der Industriezweig die Aufgabe, ausgehend von der schrittweisen Verwirklichung des ökonomischen Grundgesetzes des Sozialismus der DDR und unter der Wahrung des Primats der Produktion von Produktionsmitteln der Bevölkerung eine steigende und möglichst große Menge individueller Fahrzeuge wie Pkw, Motor- und Fahrräder zur Verfügung zu stellen" (KIRCHBERG 2000: 135). Damit wurde eine vorrangige Produktion von Fahrzeugen für die Produktion (Landwirtschaft, Industrie), der Versorgung der Bevölkerung (Handel) sowie Fahrzeugen für Dienstleistungszwecke vorgegeben. Für individuell genutzte Fahrzeuge sollen ebenso hauptsächlich wirtschaftliche und politische Aspekte im Vordergrund stehen (vgl. KIRCHBERG 2000: 135f). Der Privatbesitz eines Automobils galt Politbüro und Regierung als Ausdruck von Wohlstand und Luxus. Es wurde für die Bevölkerung ein „Volkswagen im Sinne eines vier Personen Platz bietenden und für 80 km/h ausreichend motorisierten Autos" (KIRCHBERG 2000: 529) als Ideal angesehen. Diese Vorstellung zeigt sich auch in der Festlegung der Preise für Fahrzeuge und Kraftstoffe auf hohem Niveau. Der Lebensstandart der Bevölkerung sollte sich nicht nach von kapitalistischen Grundsätzen entwickeln, sondern vielmehr geplant zunehmen. Der Ausbau des ÖPNV wurde daher ab den fünfziger Jahren deutlich forciert und dessen Transportleistung bis 1960 verzehnfacht. Die Automobilindustrie konnte diesen enormen Bedarf an Transportmitteln für den ÖPNV jedoch nicht decken, wodurch etwa 50% des Bedarfs durch Importe gedeckt werden musste (KIRCHBERG 2000: 539). Öffentlich wurde zumeist die Vormachtstellung des öffentlichen Verkehrs behauptet, jedoch wurde versäumt dem Anwachsen des privaten Fahrzeugbestands ab den siebziger Jahren durch eine Aufwertung des ÖPNV entgegenzutreten. Der steigenden Nachfrage an Personenkraftwägen ab Ende der sechziger Jahre stand eine Innovationsblockade seitens der verantwortlichen Behörden entgegen. Es wurde kein Konzept entwickelt diesen Bedarf zu decken, was sich in immer längeren Lieferzeiten und einem regen Gebrauchtwagenmarkt widerspiegelt, was dazu führte, dass Gebrauchtwagen zu höheren Preisen veräußert wurden als Neuwagen. (KIRCHBERG 2000: 529ff)

2.3 Innovationsblockade durch staatliche Regelung am Beispiel Trabant 601

Das streng hierarchische System der VVB als auch der Kombinate wurde im Laufe der Geschichte der DDR in unterschiedlicher Intensität durchgesetzt. Bis in die sechziger Jahre wurden den Betrieben Spielräume in FuE gewährt. Folglich kam es in dieser Zeit zu einer regen Weiterentwicklung bestehender Produkte. Beispielhaft ist hier die Entwicklung der Duroplastkarossen infolge des Mangels an Tiefziehblechen zu nennen. Auch danach gab es immer wieder Ansätze von Weiterentwicklungen die jedoch nicht gebaut werden durften (siehe Anhang A). Beispielhaft kann dies an der „Entwicklung" des Modells Trabant 601 aufgezeigt werden. Dieses Kraftfahrzeug war zu Produktionsbeginn 1964 nur als Zwischenlösung zwischen dem Modell P 60 und einer

Weiterentwicklung gedacht und war daher nur ein Facelift des P 60. Bereits 1964 sollte um die Exportfähigkeit sicherzustellen ein Nachfolger (P 602) des Modells entwickelt werden. Es war vorgesehen unter Anderem die Motorisierung und die Bremsen des Fahrzeugs zu überarbeiten. Da zu dieser Zeit das konstruktive Potential aufgrund einer „sozialistischen Hilfe" für das Werk in Eisenach (Abstellen von Mitarbeitern zur Sicherstellung der Serieneinführung des Wartburg 353) geschwächt war, war es nicht möglich in den Motorenwerken Karl-Marx-Stadt in dieser kurzen Zeit eine höhere Motorleistung zu erzielen. Trotz einer Investition von 1,78 Mill. Mark und der Herstellung von 6 Prototypen musste diese Entwicklungsstufe eingestellt werden. Da die Konkurrenzfähigkeit des Modells 601 auf dem Weltmarkt bis Ende der sechziger Jahre als gering eingestuft wurde, wurde mit Ziel für die Serienproduktion Ende 1969/Anfang1970 mit der Entwicklung des Modells 603 begonnen. Dieses sollte deutlich höheren Qualitätsstandards genügen und einen höhern Fahrkomfort bieten. Bis Ende 1968 waren die Vorbereitungen für die Serienproduktion schon weit fortgeschritten und viele der dafür notwendigen Maschinen bereits im Bau, als das Politbüro die sofortige Einstellung des Projekts und die Zerstörung aller Prototypen trotz aufgelaufener Entwicklungskosten von 5,45 Mill. Mark veranlasste. Der Grund hierfür ist Maßgeblich die auf Zwickau ausgerichtete Produktion des Kraftfahrzeugs und somit die Gefährdung der bisher betriebenen Zweitypen-Politik und des Standorts der Wartburg-Produktion in Eisenach. Aufgrund der mangelnden Investitionskraft der DDR wurde nun angestrebt in Gemeinschaftsarbeit mit dem RGW-Partner CSSR den Typ P 760 zu entwickeln. Auch dieses Projekt scheiterte trotz schon getätigter Investitionen von 23,6 Mill. Mark aufgrund eines Beschlusses des Ministerrats im dritten Quartal 1973. Im Anschluss sollte auf Grundlage des gescheiterten Projekts P 760 aufgebaut die Planung des Modells P 610 aufgenommen werden. Trotz des Beginns der Planung im September 1973 war der Produktionsbeginn erst auf 1984 geplant. Bis 1979 waren auch hier 35,3 Mill. Mark an Investitionskosten aufgelaufen, woraufhin auch diese Entwicklung auf Weisung des Präsidiums des Ministerrates aufgrund fehlender Mittel eingestellt werden musste (vgl. KIRCHBERG 2000: 399ff). Die lange Reihe von Abbrüchen viel versprechender Weiterentwicklungen zeigt deutlich die Unentschlossenheit der Führungsebenen. Es konnte funktionierendes Konzept gefunden werden die Weiterentwicklung eines Fahrzeugtyps zu gewährleisten da Planziel und

Potential zu stark voneinander abwichen. Kurz vor Erreichen des jeweiligen Ziels musste daher unter erheblichem volkswirtschaftlichem Schaden die Arbeit am Projekt eingestellt werden.

2.4 Zusammenbruch der Automobilindustrie der DDR

Die Unfähigkeit einer effizienten Innovationssteuerung zeigt sich ebenso in den vergeblichen Versuchen die Produktionsstrukturen zu optimieren. Die Bildung der Kombinate war ein letzter Versuch die Organisation der Produktion zu verbessern. Ziel war es bei gleich bleibendem Ressourceneinsatz die Produktion durch die Neuordnung der VEB zu steigern. Dennoch führte das sehr kleine Angebot an Fahrzeugen sowie der Verschleiß der Fertigungsanlagen und der damit zunehmenden Ineffizienz der Produktion zu sehr langen Wartezeiten, was die Verantwortlichen der DDR zu einem erneuten Handeln zwang (IWH 2005: 7). Die mangelnde Fähigkeit zur Entwicklung neuer Produkte führte im 1983 zur Kooperation mit der Volkswagen AG. Es wurde beschlossen eine Lizenzfertigung von Motoren für die Modelle Wartburg und Trabant aufzunehmen was einen deutlichen Investitionsschub für beteiligte Unternehmen bedeutete.

3. Entwicklung der Automobilindustrie seit der Wiedervereinigung

Die politische Wende traf die Unternehmen unvorbereitet und stellte sie vor enorme Probleme. Die Rückständige Produktivität, die veralteten Produkte und das Wegbrechen der Absatzmärkte in Osteuropa stellten die größten zu überwindenden Hürden dar (KIRCHBERG 2000: 671). Die Automobilbauer sahen sich mit dem Problem konfrontiert, dass sie den Absatz der Modelle, aufgrund des Wegfalls der Trennung von Produktion und Absatz, nun selbst übernehmen mussten. Die Voraussetzungen hierfür waren jedoch denkbar schlecht, da die produzierten Modelle nicht mit westlichen Modellen konkurrieren konnten. Sie waren aufgrund der mangelnden Innovationsfähigkeit veraltet und durch die Aufwertung der Ostmark durch die Währungsunion weder in Ostdeutschland noch in Osteuropa bezahlbar. Ein Überleben der Betriebe konnte somit nur durch eine Kooperation mit Partnern aus den alten Bundesländern und dem Ausland und den damit einhergehenden Investitionen sichergestellt werden.

3.1 Neuordnung der Unternehmensstrukturen

Die politische Wende brachte eine Transformation von planwirtschaftlichen in privatkapitalistische Produktionsstrukturen mit sich. Diese verlief nicht als „allmählicher Anpassungs- und Lernprozess an die neuen marktwirtschaftlichen Umweltbedingungen, sondern schockartig als ein alle betriebsinternen und –externen Normen, Strukturen und Beziehungen treffender Umbruch" (MICKLER et al. 1996: 59). Zeitgleich mit der Währungsunion am 01.Juli 1990 wurden die Unternehmen der neu gegründeten Treuhandanstalt als Interimseigentümerin unterstellt. Damit sollte die Effizienz und Wettbewerbsfähigkeit der unterstellten Unternehmen sichergestellt werden. Hierfür wurden die Kombinate entflochten und die Nachfolgeunternehmen in Kapitalgesellschaften umgewandelt oder gegebenenfalls stillgelegt falls keine Sanierungsmöglichkeit mehr bestand.

3.2 Erholung der Automobilbranche

Um die Effizienz der Betriebe zu steigern war es nach der Wiedervereinigung unerlässlich den Personalbestand drastisch zu reduzieren. Die Unternehmen wurden dadurch deutlich schlanker und effizienter. Die Umstellung der Produktion auf westliche Standards hatte zur Folge, dass nunmehr bei geringerem Personaleinsatz größere und qualitativ hochwertigere Produkte hergestellt werden konnten. Dies bewirkte eine sehr dynamische Umsatzentwicklung in den Folgejahren (Abb.1). In Sachsen und Thüringen verlor die Automobilindustrie von 1991 bis 1994 knapp 58% der Beschäftigten, wobei der Umsatz jedoch im gleichen Zeitraum vervierfacht werden konnte.

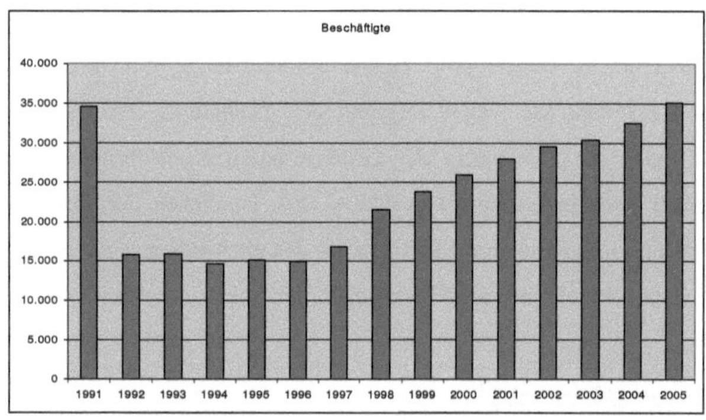

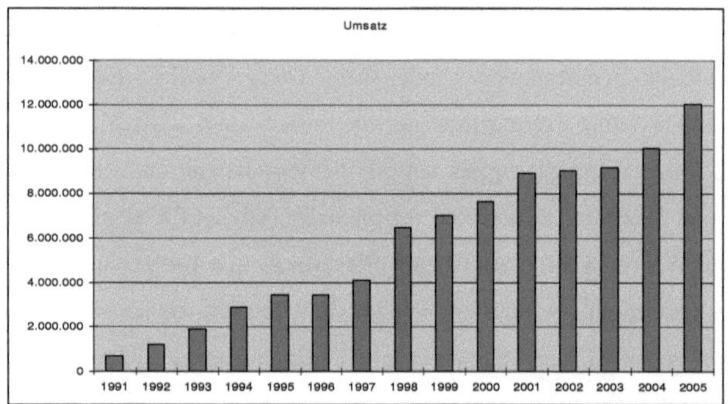

Abb.3: Entwicklung der Zahl der Beschäftigten und des Umsatzes in Sachsen und Thüringen Automobilindustrie 1991 – 2005 (Datengrundlage siehe Anhänge B – D)

Durch die Modernisierungsinvestitionen stieg im Verlauf die Kapitalintensität im verarbeitenden Gewerbe Ostdeutschlands deutlich an und überschritt im Automobilbau 2001 das westliche Niveau. Dennoch konnte es nicht erreicht werden die Produktivität in den neuen Bundesländern auf Westniveau zu heben. Die Ursache liegt hier in den deutlichen strukturellen Unterschieden zwischen Ost- und Westdeutschland. Im Vergleich zu Westdeutschland weist die Automobilindustrie im Osten erheblich kleinere Betriebsgrößen auf, dazu kommt, „dass die Betriebsstätten westdeutscher und ausländischer Investoren, von denen es in Ostdeutschland sehr viele gibt, im Regelfall nicht alle Unternehmensfunktionen selbst wahrnehmen. Strategische Management- und Leitungsfunktion werden meistens von den Unternehmenszentralen in Westdeutschland bzw. im Ausland wahrgenommen. So werden Aufgaben wie zum Beispiel Forschung und Entwicklung, internationaler Vertrieb und Beschaffung, also gerade die wertschöpfungsintensiven Bereiche, in den Unternehmenszentralen wahrgenommen" (IWH 2005: 11).

Tab.2: Kapitalintensität im ostdeutschen Verarbeitenden Gewerbe (Westdeutschland = 100) (Quelle: IWH 2005: 12)

	1992	1995	2001
Verarbeitendes Gewerbe	41,1	77,6	97,7
darunter:			
Ernährungsgewerbe	31,6	65,1	76,3
Tabakverarbeitung	22,2	46	44,3
Textilgewerbe	25,3	65,9	61,7
Bekleidungsgewerbe	10,6	19	36,4
Ledergewerbe	26,7	96,7	99,9
Holzgewerbe	45,1	123,5	134,2
Papiergewerbe	26,4	93,6	106,9
Druckgewerbe	26,7	70,2	93,7
Mineralölverarbeitung	195,2	120,3	198,9
Chemische Industrie	59,7	90	131,8
Kunststoff, Gummiwaren	46,9	81,8	80,4
Glas, Keramik, Steine und Erden	71,1	97,1	113,3
Metallerzeugnisse und -bearbeitung	53,1	101,1	109,6
Herstellung von Metallerzeugnissen	38,1	56,9	69,2
Maschinenbau	30,7	65,6	86,1
EDV-Geräte, Büromaschinen	19,9	76,8	46,3
Elektrotechnik	18,6	33,7	47,6
Medientechnik	13,6	30,5	139,4
Mess- und Regeltechnik	12,3	28,1	55,9
Kraftwagenbau	54,7	93,2	106,9
Sonstiger Fahrzeugbau	65,2	90,2	123,2
Möbel, Spielwaren	26,6	61,5	78,1

Die Unternehmensgrößen unterscheiden sich deutlich zu denen in Westdeutschland. In den neuen Bundesländern überwiegen im Automobilbau kleine und mittlere Unternehmen mit einem Anteil von 88% und einem Beschäftigungsanteil von 40% (2002). Dagegen stehen in Westdeutschland 94% der Beschäftigten der Branche in einem Arbeitsverhältnis mit einem großen Unternehmen (>250 Beschäftigte), deren Anteil hier 30% beträgt (IWH 2005: 16).

4. Auswahl aktueller Produktionsstätten

In den neuen Bundesländern gibt es seit der Wiedervereinigung einige neue Werke. Diese befinden sich nicht nur an den klassischen Standorten, es ist jedoch weiter eine Konzentration in Sachsen und Thüringen festzustellen (vgl. Abb.4). Beispielhaft werden im Folgenden zwei Standorte beschrieben werden die sich in ihren Produktionszielen sehr stark unterscheiden und dadurch auch sehr unterschiedliche Standortpräferenzen aufweisen. Die Gläserne Manufaktur in Dresden stellt keine Autofabrik im eigentlichen Sinne dar. Hier werden Bauteile eines Fahrzeugs zu einem individuellen Endprodukt montiert, eine Fertigung von Bauteilen findet nicht statt. Der Fokus liegt hier vielmehr auf der Repräsentation des Unternehmens und der Identifikation der Kunden mit der Marke. Dagegen fertigt das BMW-Werk in Leipzig viele Karosserieteile selbst und stellt Fahrzeuge in sehr großen Stückzahlen her.

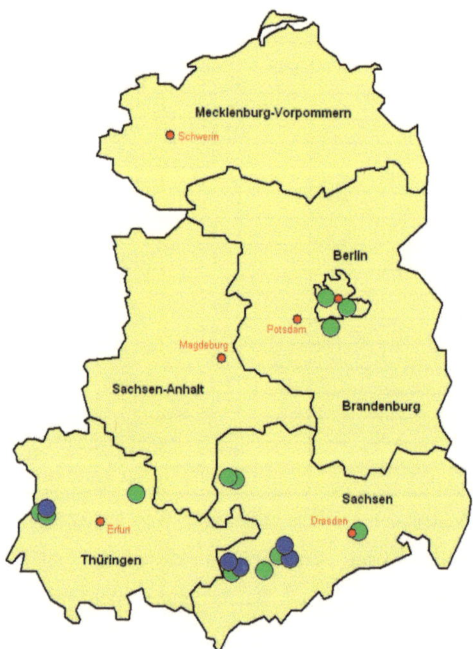

Abb. 4: Wichtigste Produktionsstätten seit der Wiedervereinigung (grün) im Vergleich zu den früheren Standorten (blau). (eigene Grafik)

4.1 Gläserne Manufaktur – Dresden

Die Gläserne Manufaktur befindet sich am Großen Garten in Dresden, nur wenige hundert Meter von der Innenstadt entfernt. Sie ist der Produktionsstandort für das Oberklassemodell von Volkswagen, dem VW Phaeton. Um die Bezeichnung „Manufaktur" führen zu dürfen, wird in der Montage größtenteils auf Roboter verzichtet und daher die meisten Arbeitsschritte in Handarbeit verrichtet. Insgesamt sind auf der gesamten Fertigungslinie nur drei Roboter zu finden. Die Fertigung von Luxuswagen hat in Sachsen eine lange Tradition. Bis zum Zweiten Weltkrieg wurden hier schon Oberklassewagen gefertigt. Mit der, trotz des großen Anteils an Handarbeit, an Präzision will der Konzern auch an die lange Tradition des sächsischen Kunsthandwerks anknüpfen. Auch hier wurden in Manufakturen qualitativ hochwertige Produkte in Handarbeit hergestellt. Die Fertigungstiefe der früheren Manufakturen war jedoch deutlich größer als in der Gläsernen Manufaktur von Volkswagen. Der Konzern beschränkt sich darauf den Phaeton in Dresden aus vorgefertigten Teilen zu montieren. Kein einziges der verwendeten Teile wird hier an diesem Standort gefertigt. Dies bedeutet inmitten einer Großstadt ein logistisches Problem, da alle Teile angeliefert werden müssen. Gelöst wird dieses, auch schon vor Baubeginn der Manufaktur von Bürgern bemängelte Problem, durch die Nutzung einer CarGoTram. Dieses Schienengebundene Transportmittel nutzt die schon vorhandenen Schienen der Dresdner Straßenbahn und vermeidet somit eine Verkehrsbelastung durch anliefernde LKW.

Momentan beschäftigt die Manufaktur 400 Mitarbeiter, die aktuelle Tagesproduktion liegt bei 30 – 35 Fahrzeugen täglich. Damit ist die Manufaktur jedoch bei weitem nicht ausgelastet. Durch mangelnde Nachfrage des Produkts wird nur im Einschichtbetrieb und auch nur von Montag bis Freitag montiert. Bei einer maximalen Auslastung des Werks im Dreischichtbetrieb und einer Montage an jedem Wochentag wäre somit eine wöchentliche Produktion von bis zu 735 Fahrzeugen möglich, das entspricht einer Tagesproduktion von 105 Fahrzeugen. Um diesen maximalen Betrieb aufrechterhalten zu können müsste die Belegschaft um das doppelte auf 800 Mitarbeiter vergrößert werden. Die aktuelle Marktsituation des hergestellten Produkts stellt eine solche Entwicklung jedoch in Frage. Mit dem Phaeton wollte sich der Konzern im Markt der Oberklassewagen etablieren. Dies wurde notwendig, da beobachtet wurde, dass immer mehr langjährige Kunden, deren finanzielle Lage sich deutlich verbesserte von der Marke Volkswagen zu einer anderen Marke wechselten um sich ein Oberklassefahrzeug anzuschaffen. Um diese Kunden halten zu können wurde eine Oberklasselimousine konzipiert. Das Prinzip des Understatements sollte Kunden ansprechen, die sich einen PKW der Oberklasse leisten könne, dies jedoch nicht so offensichtlich zur Schau stellen wollen wie die Kunden vergleichbarer Produkte anderer Hersteller. Anhand von Neuzulassungszahlen kann jedoch festgestellt werden, dass der gewünschte Erfolg des Modells ausblieb und sich die meisten Kunden repräsentativere Fahrzeuge bevorzugen (siehe Tab.3).

Wirtschaftlich gesehen ist die Gläserne Manufaktur somit sicher kein gelungenes Projekt von Volkswagen. Es muss jedoch beachtet werden, dass der Werbeeffekt nicht gemessen werden kann. Die Manufaktur ist durch den mangelnden Erfolg des Phaetons zum reinen Marketingobjekt geworden, als Produktionsstandort jedoch zu vernachlässigen. Die Montage des Produkts könnte mit deutlich geringerem finanziellem und logistischem Aufwand an einer anderen Stelle durchgeführt werden.

Fahrzeugtyp	Anzahl	%
Audi A8/S8	5558	13,3
BMW 7er	5837	14,0
Mercedes S-Klasse	10985	26,3
Mercedes CLS	5712	13,7
Porsche 911	4528	10,8
VW Phaeton	2371	5,7

Tab. 3: Neuzulassungen von Oberklassefahrzeugen 2006 (Quelle: Kraftfahrt-Bundesamt)

Die Gläserne Manufaktur ist somit nicht als Kraftfahrzeugfabrik anzusehen, sondern vielmehr als eine Art Front-Office des Volkswagenkonzerns, was auch die geographische Lage der Manufaktur erklärt. Eine Ansiedlung auf der Grünen Wiese wie beispielsweise dem BMW-Werk Leipzig wäre in diesem Fall unsinnig gewesen, die Nähe zum Stadtzentrum ist gewollt.

<u>**4.2 BMW-Werk Leipzig**</u>

Einen deutlichen Kontrast zur Gläsernen Manufaktur bildet das BMW-Werk in Leipzig. Hier werden vorwiegend 3er-Limousinen, seit 2007 auch 1er-Dreitürer hergestellt. Das Werk ist eines der neuesten der BMW-Group, und wurde 2005 nach dreijähriger Bauphase fertig gestellt. Nach dem schon 2004 gestarteten Erprobungsbetrieb konnte am 1.März 2005 nach einer gesamten Investitionssumme von 1,3 Mrd. Euro das erste Kundenfahrzeug gefertigt und die Serienproduktion begonnen werden. Die Fabrik besteht aus mehreren Teilen. Der Administration im Hauptgebäude und um dieses zentrale Gebäude die Produktionshallen angeschlossen. Der Karosseriebau im Werk Leipzig bezieht seine Teile aus dem Presswerk Regensburg die von 30 LKW pro Tag angeliefert werden. Die angelieferten Teile werden hier weiterverarbeitet und von Robotern zur Karosserie zusammengeschweißt. Auf einer Fläche von 80000m² sind hier über 500 Roboter im Einsatz mit einem durchschnittlichen Stückpreis von ca. 20t – 30t €. Der hohe Anteil an durch Roboter durchgeführten Arbeitsschritten bei der Montage der Karosserie zeigt sich am deutlichsten an den prozentualen Anteilen an der Fertigung. Im Karosseriebau des Werks Leipzig werden nur noch 3% der Arbeitsschritte von den 200 Mitarbeitern durchgeführt, der Rest wird komplett von den Maschinen übernommen. Die Arbeiter sind somit hauptsächlich für die Kontrolle der Maschinen zuständig und müssen nur im Ausnahmefall in die Produktion eingreifen. Bei reibungslosem Ablauf der Produktion ist dadurch rechnerisch ein 74-Sekunden-Takt möglich, tatsächlich wird jedoch eine längere Taktzeit gefahren. Die Lackiererei des Werks befindet sich in einer Nachbarhalle und ist ebenso weitgehend automatisiert. Die verwendeten Pulverklarlacke ermöglichen den kompletten Verzicht auf Lösungsmittel und verursachen kein verschmutztes Abwasser. Dadurch wird die Umwelt weit weniger belastet als bei einer herkömmlichen Lackiererei. Die meisten Mitarbeiter hier befinden sich in der Endkontrolle und Qualitätssicherung. Die maßgeblichen Arbeitsschritte werden somit auch hier von Maschinen übernommen. Differierend dazu zeigt sich die Lage in der Endmontage. Hier sind weit weniger Roboter im Einsatz und viele Arbeitsschritte sind durch Mitarbeiter durchzuführen. Ein Großteil der 2400 direkt bei BMW angestellten Mitarbeiter ist hier beschäftigt. Sie stellen jedoch nur einen Teil der Mitarbeiter in der Endmontage. Einzigartig ist hier das Prinzip der Integration von Mitarbeitern von Zulieferern in der Endmontage. Im Werk Leipzig haben

Zuliefererbetriebe die Möglichkeit sich direkt auf dem Werksgelände anzusiedeln und im angeschlossenen Versorgungszentrum einzelne Module wie beispielsweise das Cockpit oder die Sitze zu produzieren. Zusammen mit Mitarbeitern direkt am Montageband stellen diese externen Firmen weitere 2400 Mitarbeiter am Standort. Die Montagehalle selbst spiegelt auch das Prinzip der kurzen Wege wieder. Die einzigartige Fingerstruktur ermöglicht es die Länge des Montagebands von 2 km auf geringem Raum unterzubringen. Diese Finger sind außerdem individuell erweiterbar und stellen somit auch die Anpassung auf zukünftige Veränderungen der herzustellenden Produkte als auch der Produktionsstrukturen sicher. Die Endmontage kann in maximaler Auslastung einen 84-Sekunden-Takt erreichen. Die geringfügig längere Taktzeit als im Karosseriebau erklärt sich durch die teilweise aufwendigeren Arbeitsschritte und durch den geringern Einsatz von Robotern. Die aktuelle Tagesproduktion beläuft sich auf circa 600 – 630 Fahrzeuge, wobei darunter etwa 500 Fahrzeuge des Modells 3-er als auch 100 – 120 1-er sind. Die Fabrik wird momentan im 2-Schicht-System mit einer 38-Stunden-Woche von Montag bis Samstag betrieben, bei maximaler Auslastung im 3-Schicht-Betrieb wäre eine Produktion von 1000 Fahrzeugen pro Tag möglich. Die Entscheidung für den Standort Leipzig erklärt sich von Unternehmensseite aus durch die ideale Anbindung an die Autobahnen A14 und A9 sowie der Nähe zum Flughafen und zu Zulieferern in Sachsen, Sachsen-Anhalt und Thüringen. Der Arbeitsmarkt zu Erstbesetzung des Werks stellte sich in diesem Raum als sehr günstig dar, dies spiegelt sich an 130000 Bewerber für die zu besetzenden 2400 Stellen wieder. Im Gegensatz zu der weit verbreitenden Vorgehensweise überwiegend junge Arbeitnehmer einzustellen wurden für das Werk Leipzig auch auf ältere Mitarbeiter mit Berufserfahrung gesucht. Der älteste eingestellte Mitarbeiter war 59 Jahre alt. Auch 600 Arbeitslosen wurde die Möglichkeit gegeben durch die Werksgründung in Leipzig wieder im Berufsleben Fuß zu fassen. Um auch den zukünftigen Personalbedarf decken zu können werden alle Auszubildende im Werk nach erfolgreich abgeschlossener Berufsausbildung in ein festes Arbeitsverhältnis übernommen. Es sind somit viele positiv zu bewertende Standortfaktoren zu finden womit sich der Standort Leipzig gegen andere Bewerber (Arras (Frankreich), Kolin (Tschechische Republik) Augsburg, Schwerin, Hof, Halle) hervorgehoben hat. Unklar ist jedoch inwiefern eventuelle Subventionen einen Einfluss auf die Entscheidung hatten.

5. Fazit

Die massiv getätigten Investitionen in die Unternehmen der Automobilbranche in den neuen Bundesländern zeigen Erfolge. Es konnte erreicht werden, dass durch Modernisierung und Ausbau bestehender Werke, als auch durch Neugründungen eine gesunde Struktur geschaffen wurde. In den traditionellen Automobilstandorten in Sachsen und Thüringen erreichen die Beschäftigtenzahlen 2005 erstmals wieder das Niveau von 1991, jedoch mit einer deutlichen Umsatzsteigerung. Dieser konnte im gleichen Zeitraum um den Faktor achtzehn gesteigert werden. Maßgeblich daran beteiligt waren in Sachsen die Investitionen von Volkswagen, Porsche und BMW, in Thüringen die Adam Opel GmbH. Volkswagen konnte hierbei die Vorreiterrolle durch die schon seit den achtziger Jahren bestehenden Geschäftsbeziehungen spielen. Dadurch wurde es ermöglicht durch die Nutzung schon bestehender Kontakte bereits Mitte 1990 in Zwickau in schon bestehenden Fertigungsanlagen die ersten Fahrzeuge zu produzieren und den Grundstein für ein neues Werk zu legen.

Anhang A

Generationswechsel im Automobilbau der DDR (Quelle: KIRCHBERG 2000: 721)

1945 bis 1990

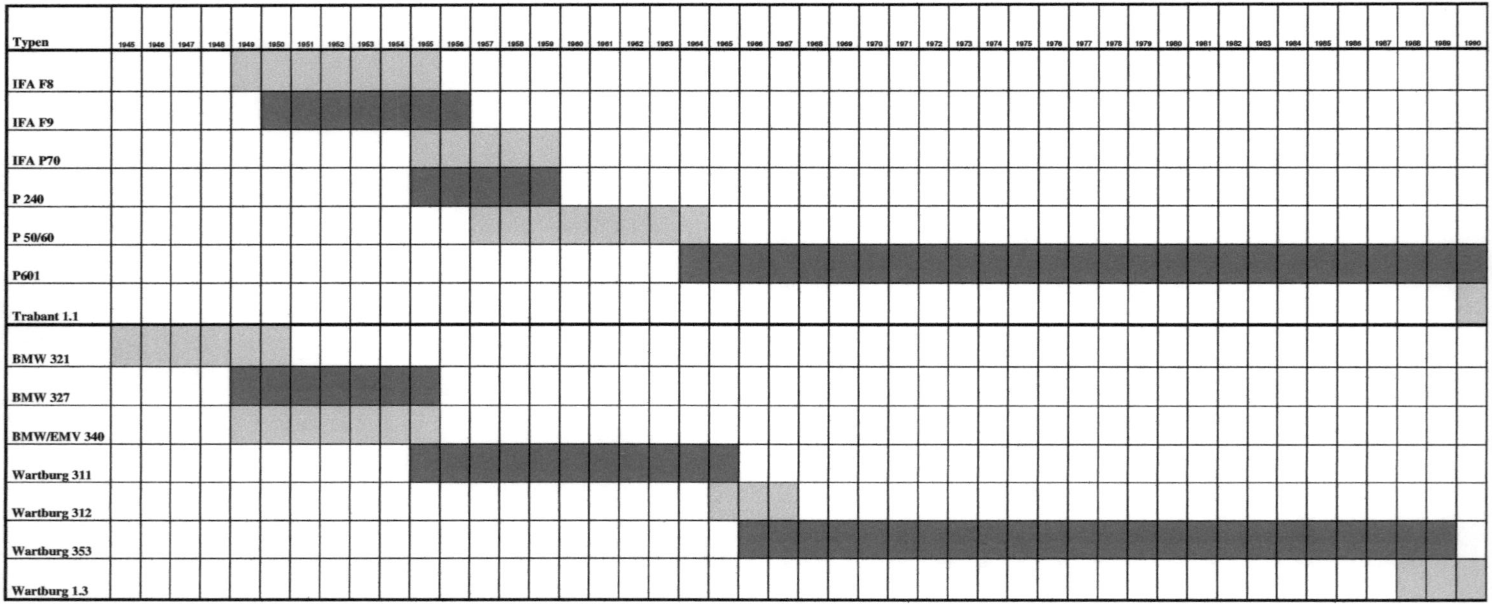

Typen	1945	1946	1947	1948	1949	1950	1951	1952	1953	1954	1955	1956	1957	1958	1959	1960	1961	1962	1963	1964	1965	1966	1967	1968	1969	1970	1971	1972	1973	1974	1975	1976	1977	1978	1979	1980	1981	1982	1983	1984	1985	1986	1987	1988	1989	1990
IFA F8																																														
IFA F9																																														
IFA P70																																														
P 240																																														
P 50/60																																														
P601																																														
Trabant 1.1																																														
BMW 321																																														
BMW 327																																														
BMW/EMV 340																																														
Wartburg 311																																														
Wartburg 312																																														
Wartburg 353																																														
Wartburg 1.3																																														

Anhang B

Jahresdaten nach Wirtschaftszweig 34 – Herstellung von Kraftwagen und Kraftwagenteilen in Thüringen (Quelle: Statistisches Landesamt des Freistaats Sachsen Statistischer Bericht - E I 7 u/05 (Bergbau und Verarbeitendes Gewerbe im Freistaat Sachsen 1991 bis 2005)

Merkmal		Einheit	1991	1992	1993	1994	1995	1996	1997	1998	1999	2000	2001	2002	2003	2004	2005
Betriebe (Monatsdurchschnitt)	insgesamt	Anzahl	41	42	55	65	65	69	66	70	76	76	78	84	85	93	98
Umsatz	insgesamt	1000 EUR	434.000	935.000	1.290.000	1.734.000	2.064.000	2.077.000	2.576.000	4.586.000	5.117.000	5.628.000	7.001.000	6.949.000	6.768.000	7.422.000	9.423.000
	Inland	1000 EUR	374.000	935.000	1.290.000	1.734.000	2.064.000	2.077.000	2.576.000	4.586.000	5.117.000	5.682.000	7.001.000	6.949.000	3.458.000	4.060.000	4.926.000
	Ausland	1000 EUR	60.000	.	.	.	.	.	.	.	.	.	.	.	3.310.000	3.362.000	4.497.000
Beschäftigte (Monatsdurchschnitt)	insgesamt	Personen	22.354	10.382	10.799	9.088	9.635	9.766	10.977	14.927	15.966	16.894	18.377	19.648	20.101	21.417	23.520
Bruttolohn und -gehalt	insgesamt	1000 EUR	160.121	139.783	162.752	182.996	229.217	246.142	285.062	408.283	436.494	477.762	540.045	590.147	594.969	664.634	749.912
Arbeitsstunden		1000 Std.	22.262	16.519	15.451	15.178	15.601	15.795	17.952	24.780	26.444	27.487	30.741	33.163	33.213	36.313	39.519
Beschäftigte je Betrieb		Personen	545	247	196	140	148	142	166	213	210	222	236	234	236	230	240
Umsatz je	Beschäftigten	EUR	19.417	90.036	119.438	190.768	214.267	212.663	234.700	307.223	320.523	336.358	380.987	353.683	336.687	346.562	400.628
	Arbeitsstunde	EUR	19	57	83	114	132	131	143	185	194	207	228	210	204	204	238
Exportquote		%	13,9	.	.	.	.	.	.	.	.	.	.	.	48,9	45,3	47,7
Anteil Lohn und Gehalt am Umsatz		%	36,9	15,0	12,6	10,6	11,1	11,9	11,1	8,9	8,5	8,4	7,7	8,5	8,8	9,0	8,0
Durchschnittslohn		EUR	7.163	13.464	15.071	20.136	23.790	25.204	25.969	27.352	27.339	28.280	29.387	30.036	29.599	31.033	31.884
Arbeitsstunden je Beschäftigten		Std.	996	1.591	1.431	1.670	1.619	1.617	1.635	1.660	1.656	1.627	1.673	1.688	1.652	1.696	1.680
Betriebe je 100 000 Einwohner		Anzahl	1	1	1	1	1	2	1	2	2	2	2	2	2	2	2
Beschäftigte je 1 000 Einwohner		Personen	5	2	2	2	2	2	2	3	4	4	4	4	5	5	5

Anhang C

Jahresdaten nach Wirtschaftszweig 34 – Herstellung von Kraftwagen und Kraftwagenteilen in Thüringen (Quelle:TLS-Internetportal: 25.11.2006)

Merkmal		Einheit	1991	1992	1993	1994	1995	1996	1997	1998	1999	2000	2001	2002	2003	2004	2005
Betriebe (Monatsdurchschnitt)	insgesamt	Anzahl	30	29	33	37	36	33	34	35	43	54	58	64	71	74	75
Umsatz	insgesamt	1000 EUR	254.344	272.753	604.777	1.137.558	1.373.168	1.348.154	1.524.025	1.868.728	1.904.617	2.006.380	1.913.592	2.087.363	2.411.640	2.615.028	2.607.358
	Inland	1000 EUR	215.322	257.755	589.375	879.531	929.397	933.202	907.936	1.203.732	1.293.126	1.254.641	1.096.569	1.172.463	.	.	1.439.508
	Ausland	1000 EUR	39.021	14.998	15.402	258.027	443.770	414.952	616.089	664.995	611.491	751.739	817.023	914.900	.	.	1.167.850
Beschäftigte (Monatsdurchschnitt)	insgesamt	Personen	12.218	5.353	5.104	5.548	5.554	5.139	5.830	6.567	7.841	9.006	9.594	9.864	10.316	11.085	11.558
Bruttolohn und -gehalt	insgesamt	1000 EUR	90.306	69.036	80.631	105.789	120.613	120.467	140.738	158.452	192.765	223.285	242.031	256.097	269.799	293.916	310.261
Arbeitsstunden		1000 Std.	11.354	8.187	9.281	10.848	11.052	10.386	11.625	12.675	14.337	15.782	16.396	16.668	16.817	17.769	18.111
Beschäftigte je Betrieb		Personen	404	184	155	149	156	157	171	185	181	167	166	155	146	150	154
Umsatz je	Beschäftigten	EUR	20.817	50.956	118.497	205.027	247.258	262.321	261.426	284.571	242.897	222.791	199.461	211.616	233.771	235.907	225.592
	Arbeitsstunde	EUR	22	33	65	105	124	130	131	147	133	127	117	125	143	147	144
Exportquote		%	15,3	5,5	2,5	22,7	32,3	30,8	40,4	35,6	32,1	37,5	42,7	43,8	.	.	44,8
Anteil Lohn und Gehalt am Umsatz		%	35,5	25,3	13,3	9,3	8,8	8,9	9,2	8,5	10,1	11,1	12,6	12,3	11,2	11,2	11,9
Durchschnittslohn		EUR	7.391	12.897	15.798	19.067	21.718	23.440	24.142	24.129	24.583	24.794	25.228	25.963	26.153	26.515	26.844
Arbeitsstunden je Beschäftigten		Std.	929	1.529	1.818	1.955	1.990	2.021	1.994	1.930	1.828	1.752	1.706	1.690	1.630	1.603	1.567
Betriebe je 100 000 Einwohner		Anzahl	1	1	1	1	1	1	1	1	2	2	2	3	3	3	3
Beschäftigte je 1 000 Einwohner		Personen	5	2	2	2	2	2	2	3	3	4	4	4	4	5	5

Anhang D

Jahresdaten nach Wirtschaftszweig 34 – Herstellung von Kraftwagen und Kraftwagenteilen in Thüringen und Sachsen (Quelle: Zusammenführung von Anhang B und C, Quellen s.o.)

Merkmal		Einheit	1991	1992	1993	1994	1995	1996	1997	1998	1999	2000	2001	2002	2003	2004	2005
Betriebe (Monatsdurchschnitt)	insgesamt	Anzahl	71	71	88	102	101	102	100	105	119	130	136	148	156	167	173
Umsatz	insgesamt	1000 EUR	688.344	1.207.753	1.894.777	2.871.558	3.437.168	3.425.154	4.100.025	6.454.728	7.021.617	7.634.380	8.914.592	9.036.363	9.179.640	10.037.028	12.030.358
	Inland	1000 EUR	589.322	1.192.755	1.879.375	2.613.531	2.993.397	3.010.202	3.483.936	5.789.732	6.410.126	6.936.641	8.097.569	8.121.463	3.458.000	4.060.000	6.365.508
	Ausland	1000 EUR	99.021	14.998	15.402	258.027	443.770	414.952	616.089	664.995	611.491	751.739	817.023	914.900	3.310.000	3.362.000	5.664.850
Beschäftigte (Monatsdurchschnitt)	insgesamt	Personen	34.572	15.735	15.903	14.636	15.189	14.905	16.807	21.494	23.807	25.900	27.971	29.512	30.417	32.502	35.078
	diff VJ	%		-54	1	-8	4	-2	13	28	11	9	8	6	3	7	8
Bruttolohn und -gehalt	insgesamt	1000 EUR	250.427	208.819	243.383	288.785	349.830	366.609	425.800	566.735	629.259	701.047	782.076	846.244	864.768	958.550	1.060.173
Arbeitsstunden		1000 Std.	33.616	24.706	24.732	26.026	26.653	26.181	29.577	37.455	40.781	43.269	47.137	49.831	50.030	54.082	57.630
Beschäftigte je Betrieb		Personen	949	431	351	289	304	299	337	398	391	389	402	389	382	380	394
Umsatz je	Beschäftigten	EUR	40.234	140.992	237.935	395.795	461.525	474.984	496.126	591.794	563.420	559.149	580.448	565.299	570.458	582.469	626.220
	Arbeitsstunde	EUR	41	90	148	219	256	261	274	332	327	334	345	335	347	351	382
Exportquote		%	29	6	3	23	32	31	40	36	32	38	43	44	49	45	93
Anteil Lohn und Gehalt am Umsatz		%	72	40	26	20	20	21	20	17	19	20	20	21	20	20	20
Durchschnittslohn		EUR	14.554	26.361	30.869	39.203	45.508	48.644	50.111	51.481	51.922	53.074	54.615	55.999	55.752	57.548	58.728
Arbeitsstunden je Beschäftigten		Std.	1.925	3.120	3.249	3.625	3.609	3.638	3.629	3.590	3.484	3.379	3.379	3.378	3.282	3.299	3.247
Betriebe je 100 000 Einwohner		Anzahl	2	2	2	2	2	3	2	3	4	4	4	5	5	5	5
Beschäftigte je 1 000 Einwohner		Personen															

Quellenverzeichnis

INSTITUT FÜR WIRTSCHAFTSFORSCHUNG HALLE, MAX-PLANCK-INSTITUT FÜR ÖKONOMIK JENA (2005): Die Automobilindustrie in den neuen Bundesländern. Studie im Auftrag des Verbands der Automobilindustrie (VDA) und des Bundesministeriums für Wirtschaft und Arbeit. 46 S., Halle

KIRCHBERG, P. (2000): Plaste Blech und Planwirtschaft – Die Geschichte des Automobilbaus in der DDR. 798 S., Berlin

MICKLER, O. et al. (1996): Nach der Trabi-Ära: Arbeiten in schlanken Fabriken. 277 S., Berlin

STATISTISCHES LANDESAMT DES FREISTAATS SACHSEN (2006): Statistischer Bericht - E I 7 u/05 (Bergbau und Verarbeitendes Gewerbe im Freistaat Sachsen 1991 bis 2005). 25 S., Kamenz

Internet:

KRAFTFAHRT-BUNDESAMT – Internetportal: http://www.kba.de/Abt3_neu/KraftfahrzeugStatistiken/Reihen/Reihe1_2006_12.pdf (18.04.2007)

THÜRINGER LANDESAMT FÜR STATISTIK – TLS – Internetportal: http://www.tls.thueringen.de (03.12.2006)